International Interior Designers

国际室内设计大师　设计实例

EXAMPLES OF WORKS

店面／店铺 ①　Commercial　吉林美术出版社

international interior disngner`s examples of works

序　言

室内设计——日常生活中的建筑艺术

罗锦文

　　室内设计师所要处理的是一个复合体。该复合体位于美学、经济学、技术学、心理学和社会学交叉的十字路口上。一个世纪以来，随着"装饰艺术"生产方式的急剧变化，生活方式和行为方式也发生了变化。建筑艺术和室内设计作为一个新动力，所发挥的作用是无需置疑的。

　　在艺术实践中，室内设计师既要考虑到知识与良知之间的功能截然不同，就像他们互不相容；又要发挥两者的协同作用。室内设计师是一位多面手。他的目标不仅仅是决定一个物体或一方空间的形状，还要提供居住艺术的全球性构思并鉴赏现存艺术。

　　谈论室内设计业时，一个特殊的用词就会浮现在脑海中，那就是——现在。室内设计师的设计艺术以日常生活为中心，能够激起他们的灵感是生活中的一刹那，一个快门，是此时、此地。这一行业并不企图愤世嫉俗，而是要为生活多添些色彩，让每个空间（无论新旧）都能得到用武之地的机会。

　　但是当人们在品评这个多面手的职能和作用时所采用的标准，比时间还要捉摸不定。室内设计师在设计前，就必须组织起生活的一切因素：材料(经济的、技术的)、智慧(科学的、社会的、道德的)和直觉。更重要的是，只有当这一创造与客户的描绘如出一辙时，它才能够有立足之地。因而设计师必须将自己完全浸入一个参考模式，运用他的才华去分析。为了化参考模式为现实，他要调用他的理论含反馈，和具备同时期所必须的专业和技术。室内设计师的职业习惯有哪些呢？非常广泛。从个人居室到公共场所；他的设计艺术应用范围也很广泛，从文化场所到所有的公共场合，囊括生产、流通、服务和交通等各行业。诸如有影响力的公共团体，个人捐赠的香港教会基金，把旧建筑改造成文化或服务设施等等，为室内设计师(个人或互相约来的设计组)提供了机会。他们设想新的生活空间，为博物馆和剧院设计室内新形象，为最初的设想寻求空间答案和恰当成果。最后，将室内设计理念扩大到城市环境，增加了专业领域，提高了在设计中融入城市特色、符号和风景的技艺。

　　室内设计师与工业设计师的不同就在于室内设计师所关注的是我们日常生活环境中的因素，尤其是空间因素。他要同时面临许多工作对象：一座建筑的基础设施、给养系统以及空间内的一切物体。抛下他所要改造或创造的空间不谈，他还必须在传统与现代、艺术与工业之间找到融合。

　　这以上领域如水火不容般矛盾重重吗？当然不是，室内设计师的文化双重性将其带到当代创造的多样化趋势与生产的传统模式的交汇处，而且，他要从矛盾中获取灵感。这一行业永远处于新思想、新观念和新文化的交叉点上。

由上往下望之螺旋型楼梯

设 计 者: Yonnie Kwok
设计公司: Red
国家或地区: 香港
项 目 名: PRIVATE 1 沙龙
项目地点: Queen's Road Central HK

理发台

本案面积 /36.26 坪 126.46 平方米 4500 平方英尺

本案是一家名为 PRIVATE 1 的高级发型沙龙，除具有一般发廊用途外，PRIVATE 1 还有贵宾区和咖啡厅。因考虑香港人繁忙的生活方式，为使美发理容的内容更丰富，最佳途径莫过于把大自然融入设计中。

PRIVATE 1 的大自然主调从接待处的背景装饰开始，以分叉的金属支架支撑起来，反映室内空间的圆形意象，同时也能够唤起树木的印象。另有一具类似雕塑并贴上干燥苔藓的杂志架。圆形的几何图形连在一起，加上支架的不规则角度，营造了活泼独特的气氛。

大自然的主调一直延伸至洗头区，利用低垂的天花板和双层木板间隔做成的一条隧道，插上了鲜花。鲜花其实是插在灌满水的试管内，隧道壁钻了不少孔洞，目的就是容纳这些水管。顾客还可以从木板间隔中看到这些插了鲜花的试管。这条充满大自然香气的隧道，一端是光亮的剪发区，另一端则是灯光较柔和、感觉较为隐私的洗头区。插上鲜花的木板间隔也把整个贵宾区包围起来。

把主要剪发区分成三部分的贵宾区，事实上也是导引的动线，这三部分可分为吸烟区、非吸烟

理发店

天花

区和化学处理区。发廊圆形的通道随着建筑结构而峰回路转，水泥地面的通道和主要的活动场所中间隔了一个稍升起的大理石平台。

方形的虚空间看起来和建筑物的圆形线条格格不入，于是用圆形的木板和墙角框，使这个方形的直角线条变得比较柔和，同时也隐藏了收集脏毛巾的地方，这些墙角框还可供收藏理发用具之用。方形边上的剪发区在升高的平台之上，因此可供示范之用。

圆顶装了隐藏式的壁灯，但对剪发来说则亮度不足，这是灯光设计的一大挑战。在尽量使用自然光的原则下，一方面可以节省能源，更重要的是能让室内气氛随着不同的时段、天气和季节而变化。假如建造另一个结构，以便安装装设在轨道上的灯饰，这不但花钱且破坏了圆天花板的华丽气派。因此，设计师仅在圆顶的边缘装设了一些灯，虚空间的四周则用泛光灯照明。接待处的照明主要靠接待桌两端的支架承起的方向灯，各剪发区则使用工作灯照明。

很少有美发沙龙能有幸得到设计师的关注。它们大多拥挤分散在无吸引力的零售商业区。Private 1 则与众不同，这是一家位于中收区女王路 Gallerie 大厦的圆顶下的美发沙龙典范。

Private 1 的发言人 Vivien Wa 坦率的说道："我们要成为市场上最一流的。"这就是为理发业增添价值的一系列建议的出发点。这些建议中有许多来自艺术指导 Patrick Chu，但与一切建议一样，它们必须与组织结构本身和谐一致。"在香港有许多好沙龙，但我们如同一个家庭，它不能只是一种商业活动，更应具有人情味。我们的目标是为每个人发展特长提供场所。我们的培训项目为顾客提供附加服务。比如当一位阿妈在等待面谈时，

会一个人教她如何使用咖啡机。还有其他寻求附加服务的途径。"这家沙龙是全香港最健康的。Wa 先生说："它不仅要领先潮流，而且要更适合香港人民，我们想向我们的顾客提供宽敞、休闲的环境——安乐所，来享受空闲时光。

Red 公司的设计师 Yonnie Rwok 有着相同的计划。在客户选择我们之前，我巡视了香港的美发沙龙。它们总是力求时髦，我也告诉客户，人们最需要的是心身的片刻宁静。除了美发外，顾客从沙龙中还能得到舒适。我要让人们得到宁思静想后的清爽感觉。让他们拥有一片祥和的环境，他们赞同了。一切就这样开始了。

"人们要进来，看见一个干苔藓环，这好像一个小孩正在画一棵树，这就是人们所联想到的，我们的墙壁上可以摘朵真花儿。这就给人们带来了生命意识。"

Gdalletia 公司在室内外应用了大型石板铺地。当人们瞥见 James(詹姆斯)的近作时，就会油然生起文艺复兴时期佛罗伦萨似的安全感。人们可以从二楼北面的小中庭到达 Private 1。深褐色不塞镶边的圆塔内是一个玻璃侧面的棱形中心电梯，电梯周围是螺旋形的楼梯，楼梯扶手上覆盖着镀锌钢。这种细节装饰与周围宏伟气势和最初的设计语言形成惊人的对比。在四楼，有一个精心设计的图形被四盏德国产聚光灯照耀着。宾客被初见天日的高高的圆顶所威慑，或者被服务员的热情态度所吸引，几乎没有人能注意到谁能提出些什么特殊要求。顾客还没到接待室，80 名员工中的首位员工就会向你问候并为你提供指导。

有大梁的、白色铝天棚板团结着圆顶，这种实用的处理方式给人非物质的感觉，但却与公共场所古典的石结构的坚固性大相径庭。穿过一个巨大的空间，从一个购物中心下面可以看见玻璃，它揭示圆顶的真正构造。地板上剩下的空间比阳台还小，形状好似中

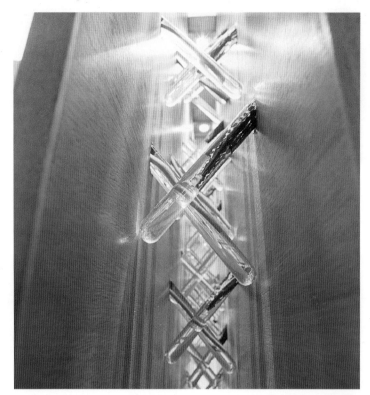

地板和墙饰

墙 饰

国的古币，三面被伸向屋顶的又高又长的窗子包围着。这里可作餐馆，但其空间设计独树一帜。

Yonnie Kwok 是这样描述它的："这的确是个风景如画之地，但却很难达到预想的效果。最大的挑战是中间的巨大空地。起初，在扶栏的围绕下，它看起来非常不利，但最后，它推动我们采取特殊措施，我们在这空间建造了坚固的环形通路，并为其自豪。"

环形通路是由陶瓷块构成的平台，内嵌向上照射的灯具。地板的外围由淡灰色平板修饰，使得铝镶边焕发生机。

接待室由桦木三合板和玻璃桌面构成，侧面有不锈钢框玻璃门、德国结构架和聚光灯。它由一个覆盖苔藓的不锈钢架和钢条支撑。红木三合板围出一个方形中心，一个240度角的架子成功地把空间与下面的公共场所分隔开。镀锌钢柱与低处延伸的装饰性的金属板一起支起一个三合板大梁，大梁内嵌有低瓦数的向下照射的灯具。是臂式的吊灯照耀着沙子似的玻璃板，构成了一整体，增加了空间范围和焦点。这是 Red 公司的一项重大贡献，使得任务能够在这个空间运行。

墙壁的外面呈白色。入口的两侧都有凹陷。右边上一个红木三合板制的简洁的能自由活动的不锈钢架子。咖啡屋铝制设备创造了一个小等候区，又一个不锈钢负架和三合板柱与别的地区分离，这个架子上放着一些杂志。

经过这些杂志，顾客被领到会诊区，有理发师为他们服务。以不锈钢为底基的圆形架子上挂着矩形镜子，悬臂聚光灯把光线射到所需之处。又高又长的窗户上也有同样的设计，透过窗户可以越过梯田看见 Des Voeus 路。他们的目的是要满足顾客的需要，当他们走出沙龙时会感到自己更加漂亮，更有信心。Vivien

Wa 这样说道。Private 1 的典型精神的进行通过平台表现出来，可以在平台上举行圣诞晚会、定期聚会与商业同事交流。

顾客由服务员陪同从接待室出来洗头，走向主入口的左侧，外墙上的凹陷处有桦木三合板架用来展览销售品，架子上的灯下照射。顾客会见到一个三合板屏幕，屏幕上有一块文艺复兴风格的镜子，屏幕后面升起一块黄色水磨石平台。另有一个屏幕使得走廊长度缩短，走廊的内壁点缀着倾斜的玻璃管，管内装有鲜花，在走廊的尽间，圆形主空间的外面，是更具传统风格的房间，桔红色水磨石地面的中央设有洗浴设施，墙上的环形胶合板用来摆放毛巾和低密三棱镜。

洗头过后，客户被领到理发室内，理发室占据了剩余的大部分空间，如果再付10%的费用，他们可以选择一人或两人的单独空间，享受到在朦胧的玻璃门后面进行理发的待遇，客户在这些房间里既可以播放经过沙龙精心选择的乐曲，还可收看自己喜欢的电视节目。Vivien Wa 说："我们要接待一些显赫的顾客"。处于这样的地段不足为奇。对于 Private I 沙龙来说，有很多比位置更重要的东西，沙龙的经营者懂得如何提高服务行业的价值，一心致力于他们的事业，并愿意竭尽全力推动他们事业的发展。在 Yonnie Kwok 那里，他们找到了一个不仅理解这种生意的目的，并有能力接受最挑战的设计者。处于这样富有魅力的集团，接待这样富有魅力的顾客，选择一些平常的材料可能会令人惊讶不已，然而这样做却是匠心独运并且合情合理，裸露的胶合板并没有给生意带来任何影响。目前 Private 1 沙龙正在考虑在香港设立两家分店，在台北成立一家分店。

售票处

设 计 者: MIKE TONKIN

设计公司: TONKIN 设计有限公司

国家或地区: 香港

项 目 名: 香港 Mongkok 百老汇戏院

项目地点: 香港 百老汇 Sai Yuen Choi 街 6-12

承 建 商: Wellfine(香港)有限公司

客　　户: Edko 电影(香港)有限公司

售票处

Mongkok百老汇需要一个特别的想法能在混乱的街道上完成百老汇戏院，并把它印在地图上。移动影院的霓虹灯使之变成吸引人的标志。简便移动发光剧目板来成功地对抗Mongkok街上喧闹的背景。

使用戏院传统的红颜色，设计者进一步研究了戏院的构图，决定使用灯光的想法。整个休息厅透过背后照亮的红玻璃发出红光，而纺织物也映红了屋顶。玻璃的背后是戏院的胶片带，在售票口处信息和剧目板写着"即场，下一场，即将上映"的字样。纺织物背后是大钢条指针影子投向纺织物上。微风吹动着纺织物，巨大的指针与大屏幕连接在一起。

地上黑／灰色的地砖铺到休息大厅，红色的士车队与城市空间融为一体，而灵感也源于此。

大 堂
入口处
电影海报展示板

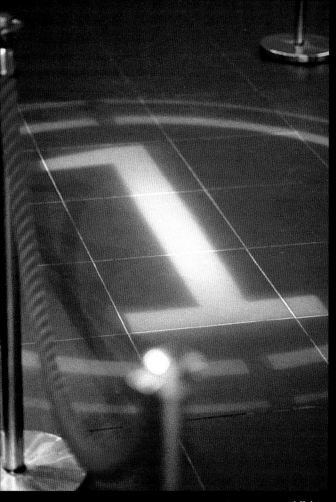

天花灯

富有创意的天花设计

海报板

邮趣廊

设 计 者：CYRIL SHING
国家或地区：香港
项 目 名：邮趣廊
项目地点：香港中区 GPO Headquarters
承 建 商：Yip Hoi 装饰 & 工程
客 户：香港邮局

陈列架及陈列台

本案面积／8.772 坪　29 平方米　312.154 平方英尺

本案位于邮政总局的东面入口一角, 面积较小。为使本案在老旧建筑物中突显其不同之处, 设计师在规划此案时, 以简洁、明亮为祈求。

该场地紧临扩展了的商业区和零售区。周围的环境反映了中心地区的繁华忙碌。这场所交通非常方便, 可以乘坐渡船、公共汽车和地铁等交通工具。

规模与结构

该建筑基本上是一个由垂直墙壁、柱子和大梁支撑的矩形盒子。所述区域占地约 29 平方米, 位于东入口的电梯旁, 有两个作出口用的辅助玻璃门, 但大多时候只是个摆设, 因为步行的人很少使用它。新产品在一楼的集邮中心出售, 所以, 这一地区在设计中除了使布局更流畅外, 只能用来发货和装卸货物。该区域的正面由大型的带有滚式百叶的平板组成, 太阳光可以照射进来,

又可以看见主街上的景观。同时, 受到了灰尘和热空气的袭击。4.2 米高的天花板为垂直设计和整体谐调提供了广阔天地。货物可以存放在大梁上面。充分利用高天花板所提供的潜力, 使这里的服务和光线设计都达到完美。

设计梗概

——在此空间内设计一反映邮局特点和形象的零售商店。该店的设计要把职能与美学结合起来。

——通过宣传可能会发展成连锁店的邮局所属的零售店, 来进一步介绍邮政产品和服务。

——进一步建议创造高质量的设计, 以使邮局的形象和业务焕然一新, 为公众所熟悉。

——打破邮局设计的固有模式。邮局商店是引导性的, 既收集顾客的信息, 又向顾客提供新观念。

陈列架

——附属商品名录上的零售商品可分成几个方面：邮政□□产品、纪念品、礼品和文具。

设计理念

设计风格独特的邮政商店，人们邮递信件前不禁驻足观望，在这里享受购物乐趣。

基本设计建议

由于场地处于角落，因而非常狭小，只有一个门，唯一可夸耀之处是临街的窗子。所以前面一侧的设计本着清晰、洁净的原则，使顾客能看到室内情景。邮政商店经营的都是小型、精致的商品，最需要的是一个高利用率、实用的展架系统，已经按固有模式专门设计的展架是室内的一个主要装置。

除展架系统以外，商店后墙上所用引人注目的大幅彩图代表了商店形象和新业务的特点。

邮政商店是邮政生活中的艺术。

灵感来自于与邮局相联系的邮政形象和周围环境与邮政服务的勃勃生机。

勿用置疑，邮政商店会热情欢迎顾客。本店豪华、敞亮，现代化的设计，清洁的导航式商店与老式建筑对比鲜明，人们不禁乐于光顾。更重要的是展览布局清晰明了，方便顾客找到自己想买的商品。

空间设计

展览系统的分布指引人流在这个小空间内穿梭，使每一尺空间都得到了最充分的利用。充分利用侧墙的展架和垂直空间潜力，以改善空间质量。收银台的位置可以纵览整个商店。

可接近性

设计计划整洁明了。可以从主街和邮局直达本店，吸引行人在邮递后停下来看一看。辅助通道位于侧门处并备作紧急出口(这里要考虑商品发送)，顾客主要从前侧和旁侧进入本店。

陈列架及陈列台

灵活性

收银台和相互的展览方式的应用，造成了休闲热情的购物环境。展览系统可以移动或根据变化任意重组。

经济问题

通过使用像彩色薄板那样不易燃烧材料、易于维护的地板和白灰涂料来减少开支。展览系统的细节处联接紧密，方便维修。

柜 台

仓储问题

　　根据商品状况提供充足的仓储空间。特殊的展览方式和凹进的壁橱减少了空间占有量，并按细节安排岛状展架上的仓储。大梁周围地区有大量空间可作短暂仓储之用。

设计特色

　　邮政形象与名家艺术作品交相辉映在墙壁上，创造了邮政学院式的气息。高悬于头上的盘状假天花板被真正的绘有带状图案的天花板

开放式陈列架

所取代，既实用又达到了装饰效果。后墙上也饰有带状图案，墙壁内隐蔽的灯光照射着天花板，增加优雅气氛的学院式墙上的挂图，邮政形象看起来既优雅细腻又无矫揉造作之感。产品诸如保险柜、邮筒灯和邮箱等昂贵的邮政纪念品被摆放在与视线水平的玻璃展架上。这些纪念品摆放优美能吸引顾客的注意力。细小精致的产品摆放在凹进的壁橱内。

服务问题

空调: 采用小巧玲珑的空调设备以适应小型空间的各种温度需求。

光线: 沿墙壁大部分地区安放的向下凹进的灯光提供了大部分照明。具有当地色彩的悬垂灯具的光线突出了柜台上的展品。

供电: 供电充分, 并据服务需要调整供应。

防火设施: 由于70%的假天花板已被打开, 建议不必安放洒水器和烟火探测器。

在中央总邮局的任何人都会不由自主地被安插在电动梯及建筑物东侧末端入口处的那一隅暖色调所吸引。这就是这间小巧玲珑, 受人欢迎的零售店, 即香港邮趣廊, 在1997年学术组中赢得了斯拉夫亚太室内设计奖。

在香港工艺大学的最后一年中, Shing先生为香港邮局的飞行零售商店提供了一个设计方案。"邮局只想采纳一个以路径邮寄"概念为中心的实用方案。据此顾客可以在确实利用那些服务以前, 在邮局逗留去购买文具、明信片与主要邮政业务(不包括出售近期邮票)有关的其它产品。还有关于集邮的货物和纪念品。另外, 邮局还想看看, 这种类型的零售店的设计是否奏效, 如果成功, 便可在其它地点采取同一设计, 发展和扩大邮局所提供的服务范围, 以此创造推出一个新形象。建造始于10月, 并于1996年12月4日由总秘书Amson Chan剪彩正式开张营业。

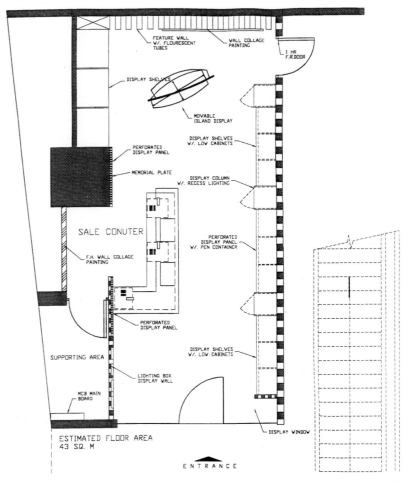

平面图

这个商店对于香港邮局仍然存在的底楼而言是个令人欣喜的、新奇的陪衬建筑。43平方米的店面覆以浅灰色三层尼龙地板砖, 并以此为分界, 与黑色地板的邮局主体建筑分隔开。宽大、微带色的玻璃建筑物的正面(长3.28m、宽3.58m), 高为2.5米的玻璃门, 与白色墙面上方Shing先生所设计的崭新多彩的logo标志浑然一体, 在矩形的房屋内, 给人一种开阔感。玻璃正面使顾客对店内一目了然, 借此暗指"没有阻碍"。白色墙壁变成了震颤绘画的油布, 同时也为美观高雅的木制家具的摆放布局提供了背景。

家具由闪光的金属围廊支撑, 货架、垃圾箱和两个安全屏障中金属材料的使用更加明显, 整个店铺展示了香港邮局现代化, 客户至上的设计意图, 以吸引客户和过路人。

内部的主体情调类似于一个小画廊, 除了墙顶部和缩微图片之外, 我们还用展示艺术品或展览品的方式来展示我们的产品。邢先生说: "我们要突出我们的产品, 要提高它们的品味, 而不能用超级市场货架上的商品陈列方式来展示它们, 我们要使它们与整个店铺的情调相谐调, 产生'活毛牛的艺术'的效果, 也就是说用更高雅的方式来陈列货物, 以显示出一种生产品味。"

位于售货柜台对面的三个廊柜中的玻璃橱窗, 不锈钢镶边的带雕刻的贺卡展台, 以及能移动的卡片展示屏, 都是邢先生对画廊的创意结晶。我竭力在陈列卡片方面进行创新, 并创造了选择式陈列方法, 改变了典型的旋转陈列方法和不加选择全部展示的陈列方法。他说: "垂直的展台将显得十分突出——像一座大山一样独占柜台部狭小的空间, 我把它设计成这样以吸引人们的注意, 让围绕它走动的人们像参观艺术品或雕刻一样参观它, 我邀请人们像浏览

架子上的光盘一样浏览这些卡片"。这个展台结构紧凑, 高度适当, 并且有很大的贮存空间。

正门附近一排彩色凹陷的壁龛吸引了过路者的注意, 一个巨大的2.25米见方的彩色石磨画悬挂在后墙上, 柜台后面的一个较小的复制品同样引人注目。"我起初希望店铺能明亮一些, 所有的墙壁都采用了白色, 与彩色石磨画形成对照, 这是新的色彩系统与传统的邮局色调之间的对照。我使用小块的暗色材料, 例如木质材料, 作为柜台的台面, 以使周围环境显得更加明亮, 同时也能产生一种更古典的感觉。"

铝制条形天花板强调出店铺的直线形结构, 天花板将人们的目光吸引到它下面后墙上明暗相间的竖直条形图案上。间接的光线来自于白壁上的金属灯, 在壁橱架和展示台上, 聚光灯的光线照亮了陈列的商品, 同样, 柜台上也悬挂着半透明的吊灯。

柜台上空的玻璃面隔层里摆着更贵重的商品, 让你禁不住掏腰包——这是一种相当安全的买卖活动。单层有穿孔的陈列板由轻质装饰板构成, 上面所有的穿孔以及壁橱上的穿孔都定有高度灵活的螺丝钉, 用来悬挂商品和改变货架的高度。陈列架的门上也有一些装饰性的穿孔, 但是只留下裸木, 未加任何雕饰。展示板和三个黑色装饰板的壁橱都与进门的高度相同, 大多数货架都由透明的玻璃制成, 狭小的光束可以透过玻璃照亮下层货架, 但光线并不强烈, 保持了货架的稳定性。所有的壁橱都向下凹陷, 由柱子或圆墙衬托着, 使顾客可以自由选择。

这一典型的邮政店铺的设计如何?答案是: 相当成功。开业两周后一些十分流行的纪念品就被销售一空, 而且生意正日渐兴隆。

Telecom CSL 商店

商铺外形

设 计 者：Stipher J.Lenu Aosoc
国家或地区：香港
项 目 名：Telecom CSL 商店
项 目 地 点：香港 Mongkok
承 建 商：Yip Hoi 装饰 & 工程公司
客　　户：香港电讯

　　作为形象更新计划的一部分，以适应长途通讯技术的进步和用户群的高度多样化，香港电讯委派 Steven J Leach JR 和几位助理一起设计位于 Mongkok 的 CSL 附属联合商店。店内设备除了要有标准的功能外，客户在审美情趣方面没有指出明确的要求，所以设计师能够为此店创制一个奇特的设计构思。尼克，既是此店的助理又是资深设计师。他负责此店设计的创新性，他阅读了设计简述并接受了三个月辛苦设计建筑程序所得出的结论，提出了艰巨的挑战。一，这家新型超级市场要向顾客提供快速包装服务。二，客户对于第一项安装应如何进行犹豫不决，要求变化多端，商店经理时常提出许多新思路。三，底楼与二楼之间的夹层地板防碍了工作进展，要拆除它以在底楼中创造更广阔的空间。

　　为了与香港电讯"想得到就能做得到"的口号名实相符，此店创建成当代风格，具有创新和高科技的特点。由于这一行业总是给人们

陈列展示厅

一种冷淡和缺乏人情味的感觉，设计师们尽全力在高科技与人性之间达到平衡。他们通过引入更多暖色调的天然材料来设法使店内环境人文化。此店的整体设计本身向顾客自荐：它能够提供高质量的产品和高效通讯服务。

与那些机能单一的小分店不同，联合店的设计观念是要把每样产品和服务都包罗在此店中。

由于拆除了夹层地板，天棚上留下一个柱子和一根大梁。设计师们有效利用这一结构，将其改成"T"形造型并漆成白色，与红色穹形裹台一起，类似一个巨大的 CSL 标语。有一个阶梯式地区展览产品，它成为标语墙前一个展窗。

商店另一侧白色的 CSL 标语与上面的标语相呼应，既使此店跻身于附近五光十色的霓虹灯中也突出醒目，又加强了此店团体形象。木央与白石相间铺成的带状地面将顾客引到售货区。展品区绿色玻璃制成的背景屏幕创造了温暖的感觉。

此店共计四个楼层，建筑面积17.000平方英尺。这里提供长途电讯的全方位服务，并分成几个不同的区域。底楼经营香港电讯全套 CSI State Of Theat 设备，包括电话、纸张、传真机和 PABX 系统。一个精心设计的商业区位于二楼，这是一个店中店。商店主要满足小型中型商业公司的电讯需求，它主要从事电讯服务和电讯产品的销售，展览和顾客试用业务。展出说明性图解以起到装饰的作用。展区中心顶部是一个穹形天棚拴着一个地球仪，使人们对香港电讯的 CSL 响应未来的呼唤而肩负的使命，有一个全球性的了解。三楼和四楼分别是移动电话咨询中心和移动电话维修中心，就与其移动电话相关的问题向顾客提供快捷帮助。

店内有 10 个 Acer 计算机终端。顾客可以在这里试运行一种称为网上 Netvigator 的新服务。他们还可以在一个实况传送的因特网交谈系统上进行交谈，如果他们对这些游戏和新奇事物感到厌烦了，他们可以到休息室去放松一下，一台咖啡自动销售机可随时为顾客提供

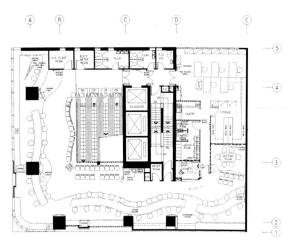

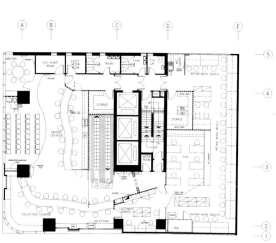

陈列架 ｜ 平面图

平面图

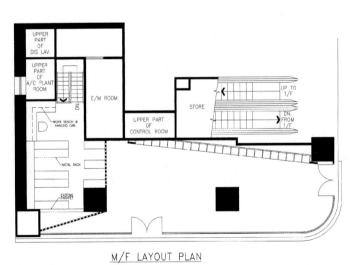

M/F LAYOUT PLAN

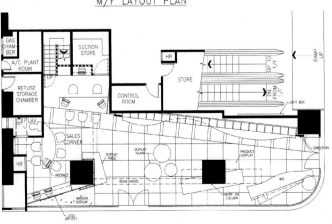

墙 饰

Haute Coiffure

接待处

设 计 者: Foo FAT-CHUEN
设计公司: AXIS NETWORK
国家或地区: 马来西亚
项 目 名: Haute Coiffure
项目地点: 吉隆坡 Starhil 商业中心
承 建 商: Cityaxis Sdn Bhd
客　　户: Haute Impress Artistic

等候处

　　工程项目是在市场的中心发廊，顾客大多是 Versace 男人，想反映出 Versace 形象，客户想使他们的常客包括一些有身份的人，当想做头发时，能有兴趣来这家发廊。

　　入口处的门厅由一个接待区和等待区组成，既具有 Versace 风格又将美发沙龙的临街门面分开。我们将大理石塑像、描绘小天使的图

理发厅

画等意大利装饰品与流行的黑白相间的石头和手着色抛光板交互使用，创造了我们预想中的形象。

沙龙的情调变成了城里人的气氛。黑白相间的带状壁纸、木质地板、椅子上色彩生动活泼的泰国丝绸将现代设计形象推向完美。

店铺内垅

壁饰

陈列架

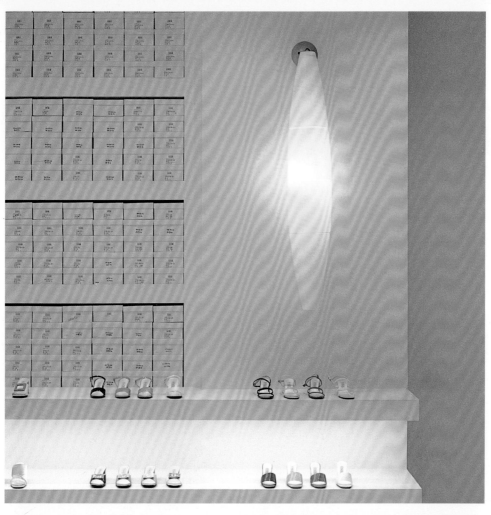

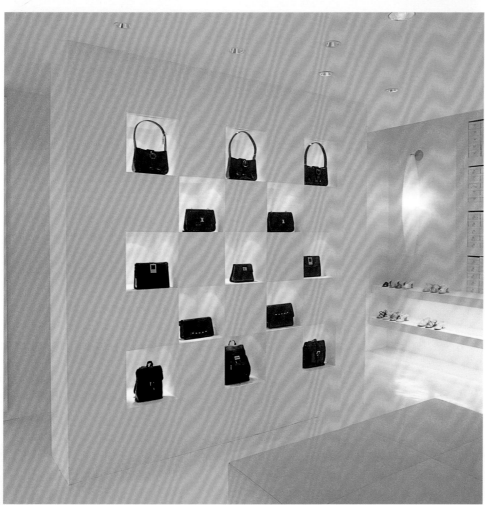

剧 院

设 计 者：GARY CHANG
设计公司：EDGE
国家或地区：香港
项 目 名：百老汇剧院
项目地点：香港油麻地
承 建 商：Shu Ming 建筑结构公司
客　　户：Edko 电影公司

剧院接待处

    油麻地百老汇电影院的内部设计项目，是城市革新主题的一部分。它原是一座两个屏幕的电影院，它由4个有160个席位的放映厅组成。这4个组成部分为:(一)电影艺术图书馆，其内容范围广，包括电影杂志、手册、CD盘、镭射盘、录象和能提供最新电影艺术的网络服务。(二)多功能研究室。讨论电影影响和电影制作者、演员和文化评论家所代表的流行文化。(三)咖啡屋休息室。(四)影迷角。在这里可以买到电影界大事记年表。电影院设计所要处理的主要方面有：方位、庇护所、车站。

    方位：电影院直接毗邻水果批发市场、油麻地警察局、庙街、上海街、新填地街和连接城市与机场的西九龙高速公路系统。这些因素与位于这一房地产区的项目场所为我们提供了设计线索 ——建立从熟视无睹到惊奇新颖之旅。宾客一到这里，当打开电影院的门时，即产生爆炸似的强烈感受。设计师设法将室内色彩、材料和饰物与当地环境结构特点联系起来。这些因素并不只是用来装点门面，而是要在这一项目中起到完全不同的作用。

　　庇护所：同时该电影院被视作庇护所，从现实走向舒缓平稳的节奏才适合电影院艺术之家的氛围。庇护所的概念另一个层次的表达是：电影院室内整个背景故意制做得不那么花俏，而是柔和、暗淡，在夜晚的街巷广场中更显得隐匿深奥。由于光线明亮的商店成了漫漫长夜

剧院等候处

中的引航灯，票房、咖啡屋、纪念品商店等处的辉煌灯光既吸引了顾客，又为整个色彩底韵增加了一个暖黄色的调色板。为了进一步强调对比色彩，装饰各种小单间背景所用的一系列材料(从未涂漆的表面到立即可以投入使用的光滑清洁的抛光板)都是从世界各地精选的。当地出产的一些廉价经济的材料(如带纹塑料、bare concerte 和电镀钢板)也得到了应用。电缆和管道有时故意显露出来，有时又故意隐藏到地板和天花板中。

车站：通过再现电影院作为闲暇娱乐和聚会场所的功能，本项目重温了电影迷的体验。利用设计成类似旧式火车站的建筑框架的独立

售票处

长 廊

性，电影院的设计中融入了车站理念。这种特色在香港和世界其他地区的电影院发展中是罕见的，因为电影院通常是社区的一部分。电影院内通向两个礼堂(观众席)的前回廊处有两个入口。另外电动时刻表和即将安装的巨型钟一起提醒人们时光飞逝，以及观看电影过程中的暂停。当人们看到电影院中的活动似火车站中的活动时，不应感到惊讶才是。这些相似处包括：票房、咖啡吧台、职员办公室、时刻表、钟、电话亭、海报板和行色匆匆的人群。这里只列举几项而已。

在电影放映过程中，镜头引导着观众的目光时，这一项目中的设计因素把电影迷们引向一系列精心设计的芭蕾舞运动，并把他／她吸

长廊特色

引到礼堂内外。票房、咖啡屋和纪念品店，将宾客一步步引入门厅。展出时刻表和铝制固定百叶窗让人们有空间扩大了的感受。楼梯明亮的有饰纹的碳酸盐墙壁进一步激起人们的好奇心。最后，门厅上方弯曲的有饰纹的金属墙壁将影迷们吸引到礼堂方向。在这里，他们可以得到预期的体验。为把影迷们从熟悉的、日常现实中引到另一个幻想中的现实时，设计要向观众所感受的现实发出挑战，使他们超越固有空间的感觉，并向他们展示了物质空间以外的深远空间。

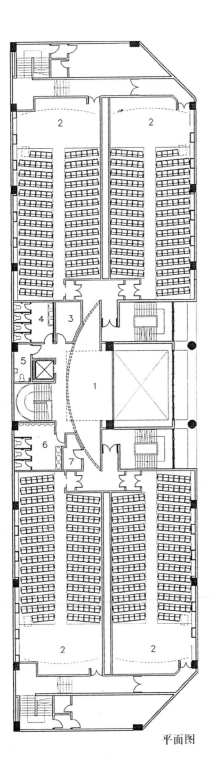

平面图

二层空间	楼梯空间
剧院餐厅	天 花

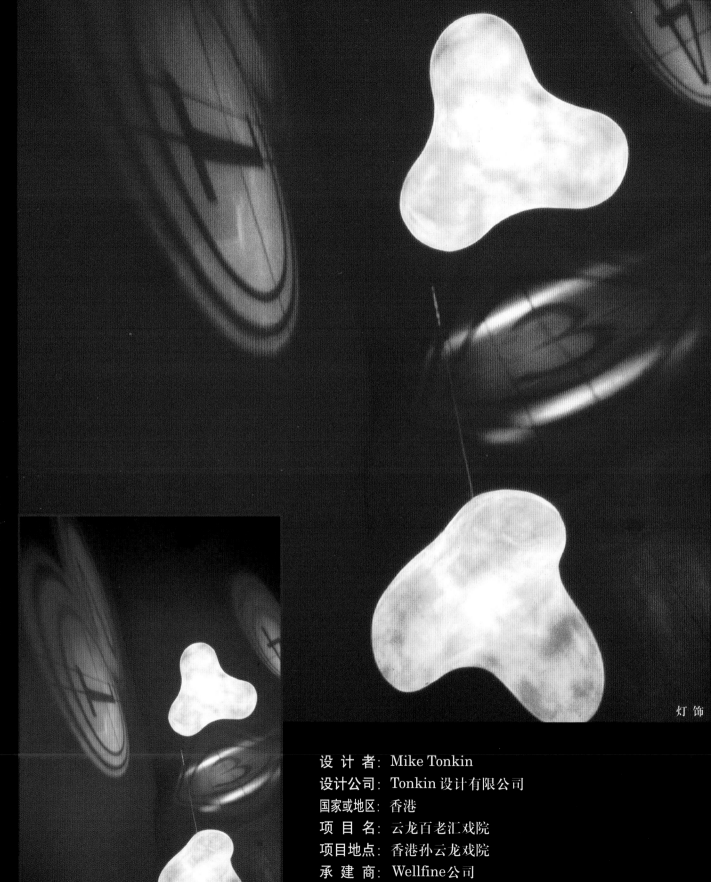

灯 饰

设 计 者：Mike Tonkin
设计公司：Tonkin 设计有限公司
国家或地区：香港
项 目 名：云龙百老汇戏院
项目地点：香港孙云龙戏院
承 建 商：Wellfine公司
客　　户：Edko电影公司

前去云龙百老汇戏院看戏，能吸引观众的是发光的红墙围成的三角形休息厅，波浪状的天花板，能够看到变化的 10 米高占士邦塑像。

尺寸、颜色和光线是构思和实施这种设计的主要因素，来源于早期电影放映机转轴形巨大的倒计时牌斜放在那里，模糊了地板、墙和天花板的界限。

以前的戏院基调是大红的，戏院舞台是白的，观众席是黑的。设计者想象观众是坐在摄像头里。鲨鱼鳃光使空间更加厚重。

休息厅的光线来自凸形灯、椅子、和照亮占士邦塑像的地板。

自动电梯

④

戏院等候处

戏院等候处

戏院内之景观

墙　画

墙　饰

⊘ **EXIT 出路** 🚹🚺

公司标志

这一项目是位于姬仙·迪奥办公楼的一个 1100 平方英尺的展览厅。由一间有 970cm × 1080cm 的房间组成。该房间的一侧有一个朝南的窗户。

为姬仙·迪奥设计一具有朴素坦率风格的展览厅以展览一整套产品，包括领带、套装、钱夹和手提包。这一区域除大部分时间作为展览室外，还要具有以下功能：发行产品的集合地、鸡尾酒会场和大型会议室。

展出一定数量的某系列产品，以供来自亚洲的购买者观赏和选购。

面临挑战

挑战主要有三个方面：

a）在一联合地区总部内创造商业空间，在本是办公场所内创造销售氛围。

b）按系列展览产品，想买男士套装的顾客不必到皮革制品系列中去观看。到这里来就可以买到。

c）创造法国式的豪华印象，在香港设立欧洲式的度身订造款色。

设计途径

主要解决办法是发展独立的可互相交换的模式及灵活的空间，并在设计中将实用设施与豪华饰品联系起来。

为了达到上述目的而设计的柜橱带有能向侧面缩进式门扇，可以按照需求，打开、关闭或部分打开展览室。可移动的展览台上能放置各种各样的商品等。还可以根据需要一至两处放置可移动的组装会议桌。最后，为零售店设计观赏柜橱和展览柜。

设计思想与审美

设计观念要与姬仙·迪奥的古典法国形象相符，并与之共处一个空间的办公室相一致。线条清晰、单一。最重要的目标是发展销售。

项 目 名：Showroom for Asian Pacific Sales of Christian Dior For East Ltd.

项目地点 34/F, Dorset House, Taikoo Place 979 King's Road Quarry, Hong Kong

陈列室内望

陈列室内望

Showroom for Asian Pacific Sales of Christian Dior For East Ltd.

陈列室内望 ┤ 陈列区

陈列区

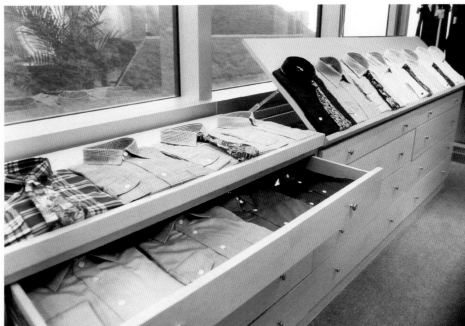

陈列柜

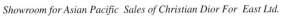

Showroom for Asian Pacific Sales of Christian Dior For East Ltd.

陈列柜

陈列柜

陈列货物

衣架

衣架

Mercedes Benz Showroom

陈列橱窗

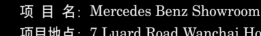

项 目 名：Mercedes Benz Showroom
项目地点：7 Luard Road Wanchai Hong Kong

陈列室

展览厅占据了位于卢押道7号和洛克道之间的拐角处的地铺。

设计简述

梅赛迪斯·奔驰因其手工艺术和技术而享誉内外，但很少有人知道在更新款式，创造潮流方面的能力。本设计的目的就是要通过创造一格调高雅、爽心悦目的展览厅来将梅赛迪斯这一鲜为人知的特色公诸于众。

面临挑战

展览厅必须包括醒目的接待室、商业区、销售办公室、会议区、小型展区和一间仓库。展览区必须能容纳三辆轿车，并还能为购头者留下广阔的浏览空间。

设计途径

按主管办公室的指示，只能选用蓝色和灰色，所用材料有钢材、雪花石膏和雀眼木（bird's eye wood）、琴眼木。设计焦点是饰有雪花石膏和羽绒帘幕的曲型后墙，以给人们如临剧院的感觉。

设计思想与审美

设计思路是要创造戏剧性的气氛，好像这些汽车是演出中的明星，羽绒帘幕使人们联想到戏剧表演，轻便的雪花石膏这种材料在当地还是首次使用，让人们想起演出中使用的聚光灯，所有线条一律是洁净的黑色，引入曲线以展示产品的现代资质。

陈列室	陈列室
接待处	陈列室

E 220

陈列室

天 花

设 计 者: JOANNA FONG

设计公司: C&A INT.ARCHI. & CONSULTANTS 公司

国家或地区: 香港

项 目 名: 王朝展厅

项目地点: 香港乍菲道路

承 建 商: Aiwa 设计＆联合有限公司

客　　户: 王朝有限公司

天花

这是一个被商店环绕在其中而仍然引人注目的展厅。

设计方案

王朝展厅位于商业和娱乐业混合地域。设计思想是与邻街商场和夜总会的艳丽广告牌相比成为一种象征。内部设计的特点是走廊的间接光线成为无色的非物质化的东西。通过墙上放置的光源产生柔光，使白色大理石地面和白色墙壁营造了安静、和平的环境。客户的产品将十分突出，设计的结果使商品在展架上更加醒目，以方便顾客挑选和购买卫生器具和附属品。中心通道左右两侧的黑色石墨地板产生强烈的反差，就像浴室内的设备与白色地板和墙壁之间的反差。浴室设备具有很大灵活性，可以使用能卸下来的浴池平台，重新组装设备。当顾客出入展览室时，都可以看到活泼变化的中间通道天花板在走廊的尽头垂下来。走廊两侧由镜子镶边，产生一种深远空间的幻觉。夜晚，店内的光线照耀着临近的两条马路，店本身也宛如一个珠宝箱。

陈列架

入 口

设 计 者： LEE CHANG-KEUN
设计公司： U-ONE 设计股份有限公司
国家或地区： 韩国
项 目 名： Hyundai 国际商业银行
项目地点： 汉城 Mookyo-Dong,Joong-Ku
承 建 商： Chang-Kuen Lee
客 户： Hyundai国际商业银行

弧形长走廊

随着社会的发展，金融业务以诚实可靠和多样化来吸引人。所以进一步对业务场所的内部进行装修，要吸引更多的客户，要容纳更多的客户。

最初的内部设计是低柜台系统，代表一融洽气氛。工作人员与客户能很好地交流。

这项工程被建造者进行修改，更好地与SAM SUNG DONG分行相一致。

我们在形象和氛围上占优势。

内部设计的主基色是深蓝色。

Hyundai集团以绿和黄为标志。

它代表一个冷色调，它能避免比较沉重和发暗的感觉，而产生一种凉爽和愉快的感觉。

这是吸引客户的第一步。

圆墙和蓝柱子把银行的工作人员与客户等待的地方分开。

材料

地面－地毯，地毯砖，大理石。

墙－玻璃，颜色漆，纺织品。

接待处

墙 饰

项 目 名：Tpa at the Square
项目地点：37/F Tower One, Exchange Square Connaught Road Central
　　　　　Hong Kong

墙身特色设计

墙壁特色设计

The Spa
AT THE SQUARE

正门商标标志

走廊

走 廊

The Spa
AT THE SQUARE

走廊

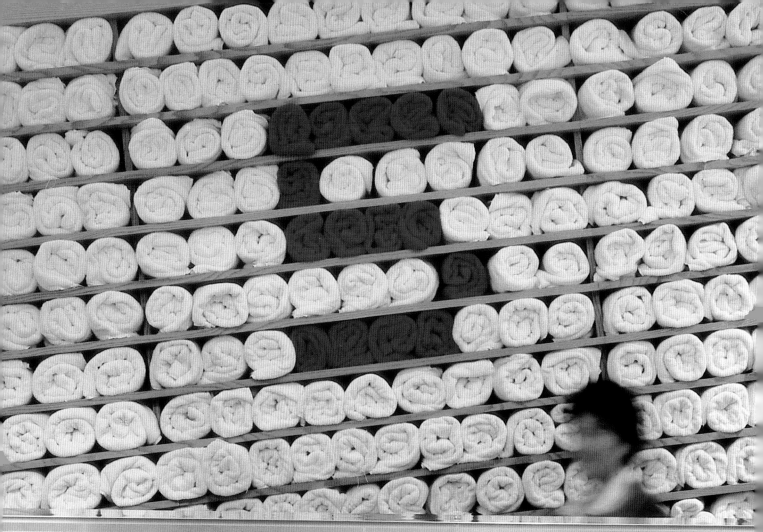

毛巾设计之墙壁图案

更衣室

为香港土地租凭人在交易广场（Exchange Square)设计一个健康俱乐部或体育馆。

原室内设计昏暗、压抑，像一个迪十高场所。客户寻求完全不同的设计风格。该场所应给香港土地租赁人的印象是：青春、明亮、轻松、经济且不失文雅。

面临挑战

设计力图激动人心，形成一个生机勃勃且轻松愉快的环境以激起繁重工作后的人们活力。这一切都要在有限的时间或预算内完成。

设计途径和细节

应用包括亚麻毡子在内的廉价材料以适应有限的预算。以全新的方法处理包括翻转大梁在内的现有建筑结构设计优势。

设计思想

成功地运用材料、形态和结构在这一轻松娱乐的环境中创造活力与生机。这里充满来自周密设计的动感。为了达到高效、经济的设计意图，以创新的方式使用包括亚麻毡子、椰子壳质的粗硬纤维席子和MDF在内的能使环境优美的传统材料。亚麻毡通常用于地板上，在本健康中心，用它铺在设备上和修饰墙壁。白天这里阳光明媚，晚上隐藏的灯光和突出的灯光相互作用，使得室内结构分明。

更衣室

视听室

设 计 者：KENJI ISHIKAWA
设计公司：TAKE NAKA 香港有限公司
国家或地区：香港
项 目 名：索尼视频服务部
项目地点：Kwun Tong,Kln, 香港
承 建 商：香港 Takenaka 有限公司
客　　户：索尼香港公司

陈列室

大门入口

平面图

1.维修中心，备件中心，音／视频商店，办公室，24267平方英尺。

2.客户要求集宣传、销售、服务和维修为一体的商店，成为索尼公司在亚洲地区服务中心。

设计思想

顾客服务台设计成椭圆型，象征索尼公司具有先进性和创造性形象，装饰材料颜色被限定为灰色和索尼蓝，许多
暗藏的天花灯来表达高科技的品位。

每个音／视频屋的设计是按照它的特殊功能来装饰，如合声室、隔音室、屏幕背景框架室等。

工作间的设计是使用两种特别颜色以减轻录音人员的疲劳。

我们希望更多的顾客来使用高品质索尼产品，把更多的索尼产品搬回家。

大门入口

工作间

开放式办公室

音响房

修理处

设 计 者：KENJI ISHIKAWA
设计公司：TAKE NAKA 香港有限公司
国家或地区：香港
项 目 名：索尼随身听商店
项目地点：香港九龙好莱坞广场
承 建 商：香港 Takenaka 有限公司
客　　户：索尼香港公司

铺 面

1. 每种类型的 SONY 随身听和配件、375 平方英尺。

2. 客户目标青少年，他们要求我们创造一个音乐爱好者形象的商店。

设计思想

为了创造一个新的青年人感觉商店，我们在设计中采用很多趣味性的尝试。机器人邀请青年人进入店中、头带耳机面带微笑欢迎他们。他们能发现新型随身听放在墨西哥草帽型桌上，可以一边听他们喜欢的音乐，一边观看在宇宙似的天花板上播放的 CD 片中飞翔的 UFO(不明飞行物)。

墙壁和地板上的装饰品手感如同织物，所以，年轻的顾客对本店产生强烈的友好感，并把他看作自己的商店。

我们希望当青年顾客使用随身听时，能想起本店并把他们的朋友带到这里来。

铺 面

指示牌

设 计 者：WINNIE LING

设计公司：RMJM 香港有限公司

国家或地区：香港

项 目 名：太阳城广场

项目地点：香港 沙田新界

承 建 商：E-Man 结构有限公司

客　　户：Henderson Land 发展有限
　　　　　公司

天花地台

走 廊

商业中心的成功很大程度上在于吸引顾客和回头客的能力。这家商业中心项目设计，与这座城市其他中心相比，它有独特的空间优势。

设计的主题与大自然相联系，这包含颜色、材料和灯光的选择，并且营造一个自然环境。自然的轻石、水、树、光和其他的大自然材料被使用，材料要与当地出产材料相联系。应考虑到它以后的维护、运输和光感等。

正厅的特色有一个大天窗是设计中心的主要部分，像这样的商业中心也是东方的象征。

颜色的选择是趋向于淡的，中色的，像古铜色、米色和沙石色、泥土色调等，所有这些是为了加强大自然主题。

顾客要求是温馨、舒适和生动的环境，他们能在这里散步、购物、饮食和娱乐，把他们从繁忙中解脱出来。

这个商业中心保持成功是包含在空间上对顾客的吸引能力，尤其是内部设计无时不在地吸引着顾客。

楼层空间

喷　泉
天　幕

招 牌

设 计 者：Michael Chan
设计公司：EDGE
国家或地区：香港
项 目 名：香港鸭月利州公共市场
项目地点：香港 South Horizon Comm.Ctr.
承 律 商：Artful设计与承包有限公司
客　　户：公共消费者有限公司

入 口

　　项目是在郊外的一个中心广场，商贩摊是用明亮的帆布帐篷围成的，而面街的地方没有围墙。市场不仅是商家和顾客进行买卖的场所，而且是朋友和邻居聚集、旅游和约会的地方。以各种方式相互组合，通过丰富的产品促使人们活动形成一种节日。我们的目的是抽取传统市场本质并注入这个项目中。

　　顺序实施从门开始，最感兴趣的是关于电梯的设计。一个结构结实的门厅，强调样式和重量。通过在广场画上圆环标志，一段桔色的配有墨蓝色边缘的墙，一个箭头指向圆心(即中心广场—作为欢庆和宣传)将吸引顾客进来，通过过道把食物分开，前面仍是柜台。冷食陈列在左边的橱窗里，干货放在后边，收款员在右边。Z形柜台上方的屏幕里模仿户外的云彩而增加了空间。与对面帆布墙显著的对比使人联想到传统市场。街的末端被看作酒窖的曲形天花板隔断。大量使用木料使人感觉身处中世纪。除了考虑商业目的，我们的意图还要增加商场的实用性，把现代化商场与传统的市场结合起来。

办公室

天 花

二层空间

天 花

Animo

商场外观草图

设 计 者：ADELAINE L.Y. KWOK
国家或地区：香港
项 目 名：Animo
项目地点：香港 Wanchai

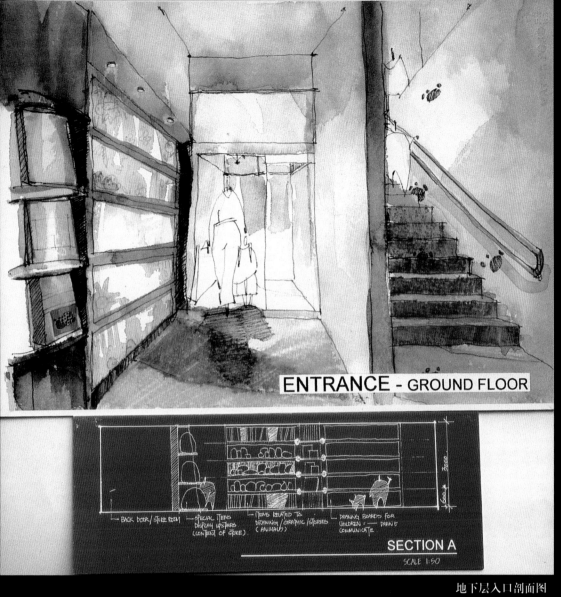

ENTRANCE - GROUND FLOOR

SECTION A

SCALE 1:50

- BACK DOOR / STORE ROOM
- SPECIAL ITEMS DISPLAY UPSTAIRS (CONTENT OF STORE)
- ITEMS RELATED TO DRAWING / GRAPHIC / STORIES (ANIMALS)
- DRAWING BOARDS FOR CHILDREN - DRAW & COMMUNICATE

地下层入口剖面图

操 作

每天上午 10:00 至下午 7:00 开店。

每层 3-4 名员工。

收银台和柜台设在展示台的后面。

商品的运送被限制在商场的后面。

主 题

在这个商场里，我打算营造一个愉快的消费环境。顾客可以讲价和试穿。孩子们能无忧无虑地玩耍，父母们能放松地询问、闲谈和购物。他们在香港的其他地方享受不到同样的服务。

商品展示

重点商品被放在一层的显要位置。这可以帮助提高独特商品的品牌及建立商场的形象。

所有商品可自由取放，使顾客了解商品的价格。

大的商品放在一层或底层，小商品分组放在一起。

CAFE - GROUND FLOOR

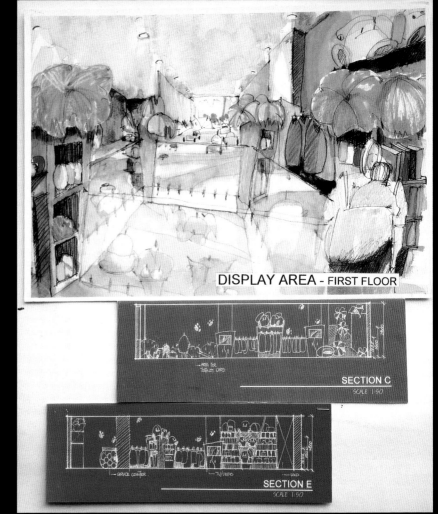

DISPLAY AREA - FIRST FLOOR

SECTION C
SCALE 1:50

SECTION E
SCALE 1:50

首层服务区域效果图

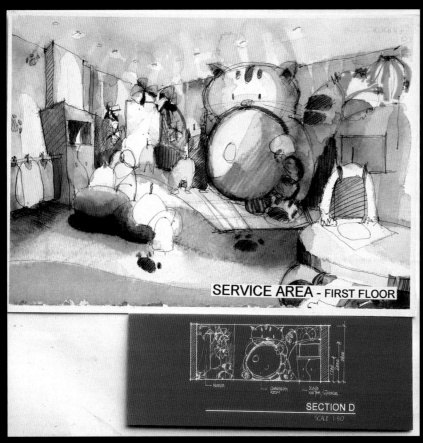

SERVICE AREA - FIRST FLOOR

SECTION D
SCALE 1:50

首层展示区域剖面 C 及 E

首层精品部

设 计 者：FL DESIGN

设 计 组：罗锦文，JEAN-LUC BOEZIO，李戈锋，
　　　　　黄洁明

国家或地区：香港

项目地点：厦门市中山路

承 建 商：建程装饰工程公司（首～三层）
　　　　　东方装饰工程公司（四～六层）

客　　　户：厦门华辉百货有限公司

总 面 积：共六层

正门大厅入

　　厦门市华辉百货有限公司位于厦门市繁华的商业中心区—中心路，总营业面积20000平方米。华辉百货有限公司于1997年7月投资人民币3000万元，邀请香港FL DESIGN公司为这座位于市中心，被列为厦门市旧城区改造重点项目的商厦作构思设计工作。经过设计公司和发展商、工程单位的密切配合，于12月初"华辉百货有限公司"这间福建省规模最大、档次最高的商场顺利开业。

　　华辉广场的整体设计思想为繁荣的厦门商业注入了一股清新的空气。在外墙设计方面，设计师为配合整条中山路传统西式古典建筑形式采用了既充满各种西洋古典建筑方案，而又不失简单、豪华的新古典设计手法。在室内设计方面，设计师也认真地对合理安排花费不少心思，显露出设计师对空间设计水准极高。

　　华辉百货公司首层正面全部采用大玻璃，使首层内世界各店及挑空两层的中庭一览无遗，引导着街上的路人入内。顾客步入明亮的大堂，即被由浅色的木饰面，光洁的大理石地面，简洁的造型线条，高逾8米的中庭及各店缤纷的色彩所组成的这一舒适惬意的购物天地深深吸引。

　　设计师在室内平面规划上按照商场的使用功能，利用地面铺设不同材料明确划分通道与售货区，还充分地将展框安排得恰到好处，从而使整个商场分布一目了然、整齐有序。线条简单、色调明快光亮的棒木饰面为售货区提供了一个既别致又朴素的背景。头顶上方，灯光布置大量运用黄、白光源相间及增大密度，配合敞开格栅令商场在营业范围内任何一点的光照度都达到700LUX。这与当地大多数场地昏暗、大量使用白光等的商场有明显的区别。为使业主以后在经营上的灵活方便，设计公司在中国大陆第二次引进选用英国CIL货架（首次为广州市东峻广百有限公司）。这使商场在档次和灵活性上都与使用一般货架的商场拉开距离。这样巧妙的配合对商品销售、陈列起决定性的作用，视觉上提高客人的购买欲，使各种货物更能引人注目。

二层名牌女装时装部

二层女装皮鞋部

首层名牌商铺

正门天花图 | 首层名牌服装铺

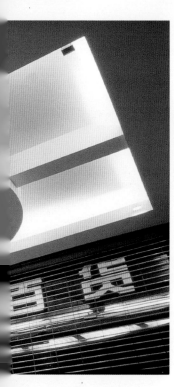

三层名牌男装时装部

首层名牌时装商铺

四层运动用品部

公共走廊内望

项 目 名: Basic Gear Shop-Pacific Place
项目地点: Shop 207, One Pacific Place 88 Queensway
Admiralty Hong Kong

基本上重新使用 Basic Gear 的新形象（Basic Gear 是 D'Urban 的一个新系列）。
设计提要
— 灵活、清洁、整齐。　— 造价低廉，但外观华贵。
面临问题
使用并精心挑选经济廉价的材料以设计流行款式。
设计途径
白色小木板和三合板与白色石膏板一起使用，以衬托廉价的石膏板。
设计思想与审美
— 白色为主色调。　— 使用朦胧玻璃以增强形象。　— 每个展览分区代表一个故事。

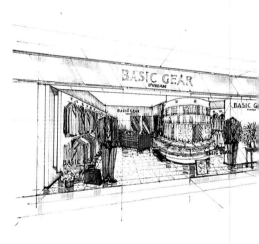

橱　　窗	货品陈列处	
陈列室	效果图	陈列室一角

BASIC GE
D'URBAN

（吉）新登字06号

国际室内设计大师设计实例　店面／店铺(一)

INTERNATIONAL INTERIOR DESIGNERS
EXAMPLES OF WORKS COMMERCIAL

主　　编: 罗锦文(香港)

编 委 会: 罗锦文（香港）　方振华（香港）

　　　　　JOHN JARAN(英国)　陈妙妍（香港）

　　　　　ROBERT WALL （澳大利亚）

　　　　　JOHN BOWDEN （英国）

供　　稿: 香港室内设计协会

责任编辑: 程秀华

总体设计: 张亚力

技术编辑: 王　平

译　　文: 王文永

出　　版: 吉林美术出版社

　　　　　(中国·长春市人民大街124号)

发　　行: 吉林美术出版社图书经理部

发行总监: 石志刚

制　　版: 吉美影像中心

印　　制: 深圳雅昌彩色印刷有限公司

版　　次: 1999年1月第1版第1次印刷

规　　格: 特16开（215×285）印张: 7

书　　号: ISBN7-5386-0738-2/J·485

定　　价: 人民币88.00元